Flex und Flo 4

Sachrechnen und Größen

Erarbeitet von
Marion Krones, Dr. Max Schröder und Babette Steiner
in Zusammenarbeit mit der
Redaktion Grundschule.

Unter beratender Mitwirkung von
Rolf Breiter, Britta Decker, Sandra Felix,
Anja Göttlicher und Sabine Willmeroth.

Diesterweg

Zeichenerklärung

Mathekonferenz
- Beschäftige dich zuerst alleine mit der Aufgabe.
- Notiere deine Überlegungen.
- Suche dir mindestens zwei Kinder, die sich auch mit der Aufgabe beschäftigt haben.
- Stellt euch gegenseitig eure Überlegungen vor.
- Sprecht darüber.

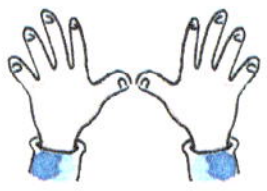

Partnerarbeit

Aufgaben zur Differenzierung mit einem höheren Anspruchsniveau

Lernstandskontrolle
im Diagnoseheft „Mein Weg durch die Mathematik“ (ISBN 978-3-425-13219-8)

Inhaltsverzeichnis

Sachaufgaben lösen

	Tipp
Lies den Text genau.	*Erzähle jemandem die Aufgabe mit deinen Worten.*
Welche Angaben sind wichtig? Wie heißt die Frage?	*Markiere oder notiere wichtige Angaben.*
Was musst du rechnen?	(+) (−) (·) (:)
Schreibe die Rechnung auf und löse sie.	*Manchmal hilft dir auch eine Skizze oder eine Tabelle. Überprüfe deine Lösung (Umkehraufgabe, Überschlag).*
Schreibe eine Antwort.	*Überprüfe die Antwort, passt sie zu der Frage?*

1 Welche Fragen der Kinder kannst du beantworten?
Schreibe Frage, Rechnung und Antwort auf.
Bei welchen Fragen brauchst du zusätzliche Angaben?

In Köln gibt es ein Schokoladenmuseum.
Es wurde 1993 von dem Schokoladenhersteller
Dr. Hans Imhoff gegründet.

Öffnungszeiten
Di. bis Fr.: 10–18 Uhr
Sa./So.: 11–19 Uhr
Montags geschlossen

Eintrittspreise
für Erwachsene: 7,50 €
für Schüler: 5,00 € (4,50 € in Gruppen ab 15)
Geburtstagskinder haben freien Eintritt.

2 Finde eigene Fragen zu dem Text. Schreibe Frage, Rechnung und Antwort auf.

Sachrechnen – Fragen und Angaben

1 Suche im Text die Angaben, die du brauchst, und beantworte die Fragen.

a) Wie viele Personen treffen sich in der Pizzeria?

b) Wie viele Jahre ist Hannah älter als Moritz?

c) Wie viele Pizzen werden bestellt?

d) Wie viel Geld gibt die Tante der Kellnerin zusätzlich?

e) Wie viel Euro kosten die bestellten Apfelschorlen zusammen? Wie viel kostet eine Apfelschorle?

Hannah und Moritz gehen mit ihren Eltern in eine Pizzeria. Dort treffen sie sich mit einer Tante und deren Tochter Julia.
Julia ist ein Jahr älter als Moritz und ein Jahr jünger als Hannah.
Jeder bestellt eine Apfelschorle.
Die Kinder essen Spagetti Napoli für 5 € die Portion. Von den Erwachsenen isst jeder eine Pizza für 7 €.
Nach dem Essen bezahlt die Tante die Rechnung für alle: 48 €. Sie gibt der Kellnerin einen 50-€-Schein und sagt: „Der Rest ist für Sie."

2 Mira fährt für ein Wochenende mit dem Zug zu ihren Großeltern nach Köln.

a) Wie viel kostet die Hin- und Rückfahrt?

b) Wie viel kostet die Hin- und Rückfahrt mit Platzreservierung?

c) Wie lange dauert die Hinfahrt?

d) Wie lange dauert die Rückfahrt?

e) Wie viel Zeit verbringt Mira insgesamt im Zug?

DB

Münster Hbf ab:	14.30 Uhr
Köln Hbf an:	16.10 Uhr
Köln Hbf ab:	13.10 Uhr
Münster Hbf an:	14.50 Uhr
Preis Hin- und Rückfahrt:	32,00 €
Platzreservierung 2 € pro Fahrt	

3 Lies den Text genau und finde mindestens zwei passende Fragen. Löse deine Aufgaben.

a) Luise erzählt vom Tischtennisverein:

Der Monatsbeitrag für mich beträgt 4 €. Wir trainieren jeden Dienstag von 15.30 Uhr bis 17.00 Uhr. Leider dauert der Fußweg zur Trainingshalle gut 15 Minuten. Aber das Training lohnt sich. Im letzten Jahr habe ich 15 Spiele gewonnen, fast doppelt so viele wie im Jahr davor.

b) Florian erzählt von einem Kinobesuch:

Letzte Woche wurde ich zehn Jahre alt. Zur Feier des Tages war ich mit sechs Freunden und meiner Mutter im Kino. Der Film begann um 15.00 Uhr und dauerte genau 90 Minuten. Davor kamen noch 15 Minuten Werbung. Der Eintritt kostete für alle 42 €. Erwachsene müssen 7 € zahlen.

Sachrechnen – Mit Tabellen und Skizzen lösen

1 In einem Theater hat die erste Sitzreihe 15 Plätze, die zweite hat 18 Plätze, die dritte hat 21 Plätze und dann immer so weiter.
Jede Reihe hat 3 Plätze mehr als die vorige.
Lege im Heft eine Tabelle an und beantworte die Fragen.
a) Wie viele Plätze hat die 6. Reihe?
b) Wie viele Plätze hat die 9. Reihe?

Reihe	Plätze
1	15
2	18
3	

2 Sofie freut sich auf ihr neues Buch mit insgesamt 260 Seiten.
Am ersten Tag liest sie 8 Seiten, am zweiten Tag 12 Seiten, am dritten Tag 16 Seiten, und dann jeden Tag immer 4 Seiten mehr als am Tag zuvor. Lege im Heft eine Tabelle an und beantworte die Fragen.
a) Wie viele Seiten liest sie am siebten Tag?
b) Wie viele Tage braucht sie für das Buch?

Tag	Seiten
1	8
2	

3 Bauer Hoppe will einen Zaun bauen.
Dazu muss er auf 120 m Länge Zaunpfähle im Abstand von 10 m setzen.
Wie viele Zaunpfähle braucht er?
Löse mit einer Skizze.

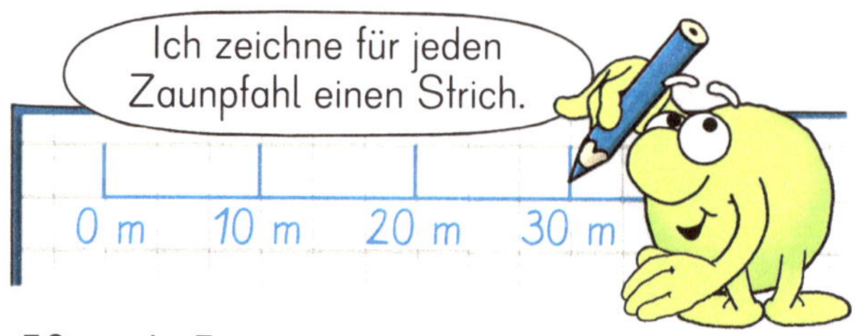

4 Entlang einer Straße soll auf beiden Seiten alle 50 m ein Baum gepflanzt werden.
Die Straße ist 450 m lang.
Wie viele Bäume werden dazu benötigt? Löse mit einer Skizze.

5 Tobis Mutter denkt: „Wäre ich 5 Jahre jünger, wäre ich viermal so alt wie mein 10-jähriger Tobi."
Wie alt ist Tobis Mutter?

6 Lea betrachtet ihre 5 € Taschengeld und denkt: „Selbst wenn ich das Vierfache bekäme, hätte ich immer noch 10 € weniger Taschengeld als meine große Schwester."

7 Ruben und Maike trainieren ihre Ausdauer beim Schwimmen. Wenn Ruben zwei Bahnen geschwommen ist, ist Maike genau drei Bahnen geschwommen. Sie wollen zusammen insgesamt 25 Bahnen schwimmen. Wie viele Bahnen sind das für jeden?

8 Flex und Flo sind 900 m voneinander entfernt und gehen aufeinander zu.
Flex geht doppelt so schnell wie Flo.
Wie viel Meter geht Flo bis zum Treffpunkt?
Wie viel Meter ist dann Flex gegangen?

1 Mark hat viele Sachaufgaben gerechnet. Unten stehen seine Antworten.
Welche Antworten können stimmen? Welche nicht? Begründe.

a) Beim Weitwerfen hat Maria 1000 m weit geworfen.

b) Jonas ist an einem Tag 340 km mit dem Fahrrad gefahren.

c) Anke bezahlt für vier Kugeln Eis 2,40 €.

d) Der Kinofilm dauerte 180 s.

e) Oskar hat sich ein Buch für 995 Cent gekauft.

f) Lisas Zimmer ist 120 mm lang.

2

Pia hat 5,67 € in ihrem Geldbeutel. Sie kauft beim Bäcker ein belegtes Brötchen für 2,85 € und bezahlt mit einem 5 €-Schein.
Wie viel Geld hat sie jetzt noch in ihrem Geldbeutel?

Welche Rechnung und welche Antwort passen zu der Frage? Ordne zu.

A
R.: 5,00 €
− 2,85 €

B
R.: 5,67 €
− 2,85 €

C
R.: 5,67 €
+ 2,85 €

① A.: Pia bekommt 2,15 € zurück.

② A.: Pia hat noch 8,52 € in ihrem Geldbeutel.

③ A.: Pia hat noch 2,82 € in ihrem Geldbeutel.

3

Frau Frese geht immer an zwei Tagen in der Woche schwimmen.
Das Schwimmbad hat täglich von 7.00 Uhr bis 21.00 Uhr geöffnet.
Von ihrer Wohnung bis zum Schwimmbad sind es mit dem Fahrrad 3 km.
Frau Frese schwimmt jedes Mal 20 Bahnen. Eine Bahn ist 50 m lang.
Für eine Zehnerkarte bezahlt sie 26 €. Eine Einzelkarte kostet 3,10 €.

Was stimmt, was stimmt nicht? Überprüfe.

a) Frau Frese schwimmt bei jedem Schwimmbadbesuch 1200 m.
b) 2000 m sind 40 Bahnen im Schwimmbad.
c) Das Schwimmbad hat in der Woche 78 Stunden geöffnet.
d) Frau Frese schwimmt jede Woche 2000 m.
e) Frau Frese bezahlt jede Woche 5,20 € für das Schwimmen.
f) 10 Einzelkarten kosten 4 € mehr als eine Zehnerkarte.
g) Frau Frese fährt jede Woche 15 km zum Schwimmbad und zurück.

1 Marion kauft zum Basteln eine Schere und eine Tube Klebstoff. An der Kasse zahlt sie mit einem 20-€-Schein. Wie viel Euro Wechselgeld bekommt sie zurück?

2 Ilka hat ein Mobile entworfen und das benötigte Material aufgeschrieben.

a) Wie viel Euro kostet das ganze Material für Ilkas Mobile?

b) Ilkas Freundin möchte das gleiche Mobile bauen. Ausreichend Schnur hat Ilka noch übrig. Was muss Ilka noch zusätzlich kaufen, und wie viel Euro kostet es?

c) Beide teilen sich die Kosten. Wie viel Euro muss jede bezahlen?

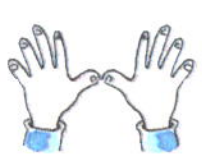

3 Frau Baum geht für ihre Klasse einkaufen. Alle 30 Kinder der Klasse wollen mit Luftballons, farbigem Karton, farbigem Bast und doppelseitigem Klebeband Fantasie-Tiere basteln. Schreibt auf, was Frau Baum kaufen soll und wie viel es kostet.

4 Erfinde selbst eine Rechengeschichte zu dem Bild oben und schreibe sie mit Lösung auf.

Geld – Wie viel kostet es ungefähr?

Museum	
Eintrittspreise	
Erwachsene:	6,00 €
Kinder:	3,50 €

Cafeteria			
Kaffee	2,80 €	Cola	2,35 €
Tee	2,65 €	Limo	2,35 €
Kakao (m. Sahne)	2,95 €	Wasser	1,80 €

1 Sabine, Karl und ihre Tante Manu besuchen ein Museum in Köln. Dort machen sie nach einer Stunde eine Pause in der Cafeteria.
Im Museumsladen kauft Tante Manu später noch ein Kinderbuch über das alte Rom.

a) Tante Manu trinkt einen Kaffee, Sabine Kakao und Karl eine Cola. Wie hoch ist die Getränkerechnung ungefähr? Überschlage nur.

b) Wie viel Euro hat der ganze Museumsbesuch ungefähr gekostet?

2 Mittags gehen Sabine, Karl und ihre Tante in eine Pizzeria. Bevor Tante Manu um die Rechnung bittet, hat sie sich überlegt, dass sie ungefähr 25 € bezahlen muss. Was können die drei gegessen und getrunken haben?
Überschlage nur und schreibe deine Rechnung auf.

Pizzeria Venezia		***Tageskarte***	
Salat Gondola	5,90 €	Apfelsaft	2,35 €
Salat Sole	4,75 €	Wasser	1,70 €
Pizza Margherita	5,35 €	Cola	2,20 €
Pizza Primavera	7,65 €	Limo	1,90 €
Spaghetti Napoli	4,85 €	Milchshake	3,95 €
Lasagne	6,90 €	Espresso	1,90 €

3 Kann das stimmen? Begründe.

a) Herr Braun isst eine Pizza Margherita und trinkt zwei Gläser Cola. Er soll 11,20 € bezahlen.

b) Maria hat 10 €. Sie meint, sie kann dafür eine Lasagne und einen Milchshake bestellen.

c) Familie Weiß hat drei Portionen Spagetti und 3-mal Apfelsaft bestellt. Tom meint, dass 20 € reichen.

4 Nachmittags gehen sie in einen Andenkenladen. Tante Manu sagt zu Karl und Sabine:
„Ungefähr für 10 € darf sich jeder etwas kaufen, das schenke ich euch.“
Schreibe auf, was die beiden sich kaufen könnten.

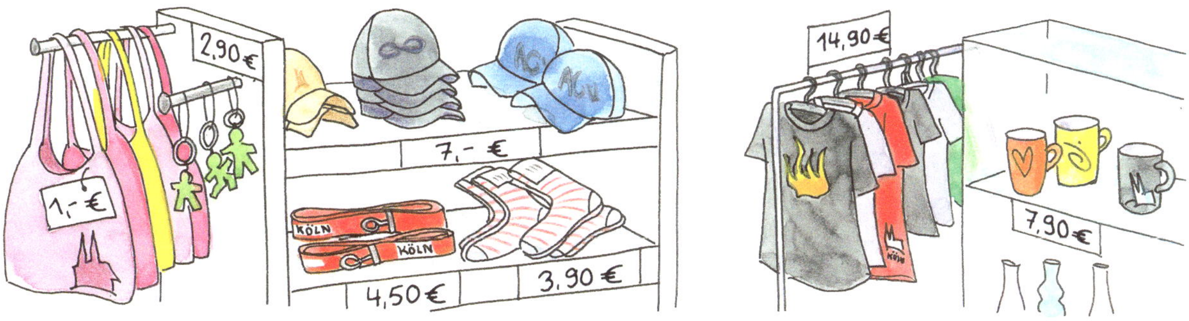

Ein Ball kostet 3,65 €. Wie viel Euro kosten fünf Bälle?

1 Wie viel Euro kosten
a) 9 Bälle, b) 8 Seile, c) 2 Trikots, d) 4 Knieschützer, e) 3 Fußbälle?

2 Multipliziere schriftlich.

a)	b)	c)	d)	e)
3,75 € · 4	8,73 € · 5	0,95 € · 6	12,35 € · 3	122,55 € · 6
4,62 € · 7	7,08 € · 4	1,83 € · 5	19,73 € · 6	143,32 € · 4
1,14 € · 9	7,80 € · 7	2,72 € · 7	16,39 € · 9	245,85 € · 3

3 Frau Stein sammelt von jedem der 23 Kinder in ihrer Klasse 13,55 € für eine gemeinsame Busfahrt ein. Wie viel Euro sind das insgesamt? Vervollständige die Rechnung und setze das Komma richtig.

4 Multipliziere schriftlich.

a)	b)	c)	d)
5,84 € · 14	4,84 € · 26	43,12 € · 28	137,64 € · 18
8,33 € · 17	0,75 € · 32	27,64 € · 40	173,30 € · 29

5 Für die Regenbogenschule sollen Spielsachen bestellt werden. Berechne die Preise und bestimme den Gesamtbetrag der Rechnung.

Artikel	*Einzelpreis*	*Anzahl*	*Preis*
Ball	2,45 €	15	
Pedalo	34,70 €	4	
Roller	68,80 €	2	
Paar Stelzen	17,65 €	5	
		gesamt:	

Geld – Kommazahlen schriftlich dividieren

Drei Freunde teilen sich den Preis von 14,85 € für eine Torte. Wie viel Euro zahlt jeder?

1 Berechne, wie viel Euro jeder Einzelne zahlen muss. Prüfe dein Ergebnis mit der Probe.

2 Dividiere schriftlich.

a)	b)	c)	d)	e)
6,84 € : 4	20,72 € : 8	2,95 € : 5	97,36 € : 8	472,75 € : 5
9,78 € : 6	33,44 € : 4	1,83 € : 3	89,64 € : 9	866,04 € : 6
7,36 € : 4	27,84 € : 3	3,22 € : 7	86,52 € : 4	642,08 € : 8

3 Acht Nachbarn unternehmen einen gemeinsamen Ausflug.
Die Fahrtkosten von insgesamt 219,44 € teilen sie sich zu gleichen Teilen.

4 Mara, Nena und Doreen kaufen ihrer Freundin Lulu zum Geburtstag eine Uhr für 19,86 €.
Sie teilen sich die Kosten. Wie viel Euro sind das für jede?

5 Sechs Freundinnen teilen sich nach einem gemeinsamen Essen die Rechnung über 76,56 €.

6 Udo sollte die Einzelpreise berechnen und zeigt seinem Chef die Tabelle. Der sagt sofort: „Da sind Fehler drin." Finde die Fehler mit einem Überschlag und rechne dann richtig.

Artikel	*Einzelpreis*	*Anzahl*	*Preis*
Zoo	218,55 €	4	274,20 €
Eisenbahn	12,45 €	5	602,25 €
Lastwagen	16,90 €	3	50,70 €
Puzzle	2,90 €	2	41,80 €
Murmelbahn	50,90 €	6	357,00 €
		gesamt:	

Geld – Preisvergleich

1 Die gleichen Orangen werden in verschiedenen Verpackungen angeboten.
Was ist das günstigste Angebot? Schreibe auf, wie du rechnest.

2 Paul möchte 12 Orangen kaufen. Er denkt: „Zwei 6er-Beutel sind am günstigsten."
Was meinst du? Welche Orangen soll Paul kaufen und wie viel Euro muss er bezahlen?

3 Sofie braucht 8 Orangen.
Welche Orangen soll Sofie kaufen und wie viel Euro muss sie bezahlen?

4 Ein Baumarkt bietet die gleichen Schrauben in verschiedenen Packungsgrößen an.
a) Tischlermeister Wolf braucht 200 Schrauben.
Welche Packungen soll er kaufen und wie viel Euro bezahlt er dafür?
b) Frau Meier braucht 80 Schrauben.

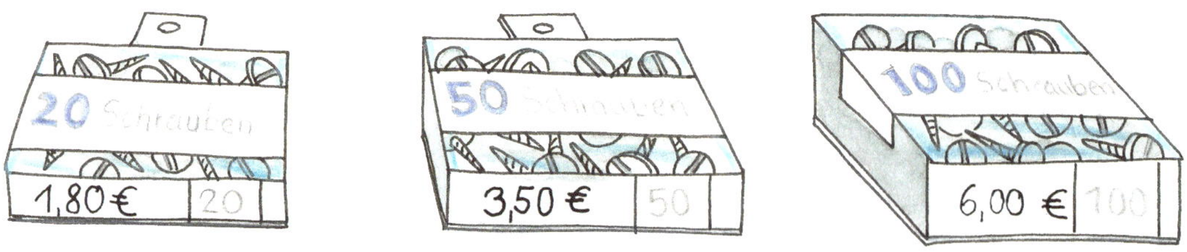

5 Im Bastelgeschäft gibt es die gleichen Pinsel in verschiedenen Packungsgrößen.
a) Max braucht 8 Pinsel. Welche Packung soll er kaufen und wie viel Euro bezahlt er dafür?

b) Frau Kaiser braucht 10 Pinsel.
c) Herr Bruns möchte für seine Klasse 22 Pinsel kaufen.

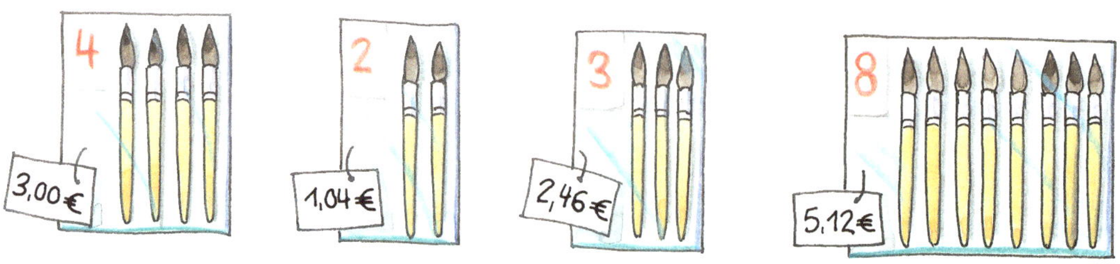

6 Bäckerei Kuhn verkauft Rosinenbrötchen in einer 15er-Tüte für 9,75 €
und im 25er-Karton für 16,00 €.

Ein einzelnes Rosinenbrötchen kostet 65 Cent.
Nele möchte 20 Rosinenbrötchen kaufen. Was rätst du ihr?

Geld – Rechnen in Sachsituationen

Die Lessing-Grundschule veranstaltet ein Schulfest.
Die Klasse 4a plant den Getränkeverkauf.

Mineralwasser (Kiste mit 6 Flaschen)	3,90 €
Fruchtsaft (Kiste mit 6 Flaschen)	8,70 €
Pappbecher (Karton mit 50 Bechern)	4,50 €

1 Berechne die Kosten für den Einkauf.

a) Wie viele Kisten Mineralwasser, wie viele Kisten Saft und wie viele Kartons mit Bechern müssen eingekauft werden?

b) Wie viel Euro kostet der Einkauf?

c) Wie viele Becher Mineralwasser und wie viele Becher Saft können verkauft werden?

2

1 Becher Mineralwasser	0,40 €
1 Becher Saft	0,90 €

a) Wie viel Euro nimmt die Klasse ein, wenn alle Getränke verkauft werden?

b) Wie viel Euro bleibt für die Klassenkasse übrig, wenn von den Einnahmen die Kosten für den Einkauf abgezogen werden?

3 Hat Nils recht?

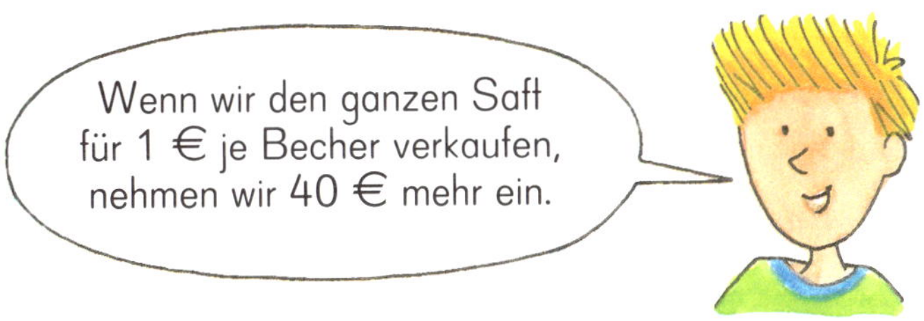

4 Die Klasse 4b möchte auf dem Schulfest Käsebrote verkaufen.

		Anzahl
Brot	2,45 €	5
Butter (250g)	1,15 €	4
Käse (500g)	4,28 €	6

a) Berechne die Kosten für den Einkauf.

b) Wie viel Euro nimmt die Klasse beim Schulfest ein, wenn alle Käsebrote verkauft werden?

c) Wie viel Euro bleibt für die Klassenkasse übrig?

Ein Tag hat 24 Stunden.	Eine Stunde hat 60 Minuten.	Eine Minute hat 60 Sekunden.
1 Tag = 24 h	1 h = 60 min	1 min = 60 s

1 In Kanada und Alaska findet jährlich das Hundeschlittenrennen *Yukon Quest* statt.

a) Die Teilnehmer starten im Abstand von 3 Minuten.
Der erste startet um 11.00 Uhr.
Um wie viel Uhr startet der 29. Schlitten?

b) 2009 startete der Sieger am 14. Februar um 11.57 Uhr.
Am 24. Februar um 10.44 Uhr erreichte er das Ziel.
Wie viele Tage, Stunden und Minuten war der Sieger unterwegs?

2 In Berlin findet jedes Jahr im September ein Marathon statt.
Im Jahr 2007 war der schnellste Läufer nach 124 Minuten und 26 Sekunden im Ziel.
2008 gewann derselbe Läufer. Er benötigte diesmal 27 Sekunden weniger.
Wie viele Stunden, Minuten und Sekunden hat der Sieger 2008 für die Marathon-Strecke benötigt?

3 Die Rekordzeit für eine Reise um die Erde mit dem Segelboot liegt bei 57 Tagen, 13 Stunden und 30 Minuten.
Mit dem Flugzeug wurde die Erde schon in 67 Stunden umrundet.

a) Die Rekordfahrt mit dem Segelboot endete am Morgen des 21. 1. 2008.
An welchem Tag startete der Segler?

b) Um wie viele Stunden war das Flugzeug schneller als das Segelboot?

Zeit – Tag, Stunde, Minute und Sekunde

1 Wie spät ist es in einer Dreiviertelstunde?

a) 9.15 Uhr $\xrightarrow{45\ min}$ ______

Eine Dreiviertelstunde hat 45 Minuten.
$\frac{3}{4}$ h = 45 min
Eine halbe Stunde hat 30 Minuten.
$\frac{1}{2}$ h = 30 min
Eine viertel Stunde hat 15 Minuten.
$\frac{1}{4}$ h = 15 min

a) 

b) 

c) 

d) 

e) 

f) 

g) 

2 Wie spät ist es in einer halben Stunde?

a) 19.26 Uhr b) 12.08 Uhr c) 13.37 Uhr d) 4.41 Uhr e) 23.56 Uhr

3 Wie spät war es vor einer halben Stunde?

a) 12.34 Uhr b) 4.56 Uhr
c) 20.20 Uhr d) 17.09 Uhr
e) 18.15 Uhr f) 00.21 Uhr

a) ______ Uhr $\xrightarrow{30\ min}$ 12.34 Uhr

4 Wandle um in Minuten.

a) 10 h b) 4 h c) $\frac{1}{2}$ h d) $3\frac{1}{2}$ h e) $\frac{1}{4}$ h f) $1\frac{1}{4}$ h

a) 10 h = 600 min

5 Yanniks Zeit beim Waldlauf wurde mit 09.37 min gestoppt.
Um wie viele Sekunden ist er unter 10 Minuten geblieben?

6 Wandle um in Sekunden.

a) 3 min b) $\frac{1}{2}$ min c) $2\frac{1}{2}$ min d) 5 min 20 s e) 7 min 12 s

a) 3 min = 180 s

7 Wandle um in Minuten und Sekunden.

a) 70 s b) 120 s c) 100 s d) 600 s e) 144 s

a) 70 s = 1 min 10 s

8 Welche Zeitspannen sind gleich?

a) 3 min = 180 s

3 min | $2\frac{1}{4}$ h | 2 Tage | 90 min | 13 h | $1\frac{1}{2}$ h | 780 min | 48 h | 12 h | $5\frac{1}{2}$ min | 135 min | 330 s | 180 s | $\frac{1}{2}$ Tag

Zeit – Fahrplan

Sina und Martin planen mit ihren Eltern einen Ausflug. Sie wollen mit dem Zug von Koblenz nach Rüdesheim und am gleichen Tag zurückfahren.
Die Kinder haben sich einen Fahrplan aus dem Internet ausgedruckt.

Hinfahrt Bahnhof/Haltestelle	Datum	Zeit		**Rückfahrt** Bahnhof/Haltestelle	Datum	Zeit	
Koblenz Hbf	Sa	ab	05:55	Rüdesheim (Rhein)	Sa	ab	17:02
Rüdesheim (Rhein)	Sa	an	06:54	Koblenz Hbf	Sa	an	18:01
Koblenz Hbf	Sa	ab	07:10	Rüdesheim (Rhein)	Sa	ab	17:12
Rüdesheim (Rhein)	Sa	an	08:09	Koblenz Hbf	Sa	an	18:41
Koblenz Hbf	Sa	ab	07:55	Rüdesheim (Rhein)	Sa	ab	18:02
Rüdesheim (Rhein)	Sa	an	08:54	Koblenz Hbf	Sa	an	19:01
Koblenz Hbf	Sa	ab	09:10	Rüdesheim (Rhein)	Sa	ab	19:02
Rüdesheim (Rhein)	Sa	an	10:09	Koblenz Hbf	Sa	an	20:01
Koblenz Hbf	Sa	ab	09:29	Rüdesheim (Rhein)	Sa	ab	19:44
Rüdesheim (Rhein)	Sa	an	10:53	Koblenz Hbf	Sa	an	20:46
Koblenz Hbf	Sa	ab	09:55	Rüdesheim (Rhein)	Sa	ab	21:02
Rüdesheim (Rhein)	Sa	an	10:54	Koblenz Hbf	Sa	an	22:01

1 Vergleiche die Fahrzeiten. Mit welcher Zugverbindung braucht die Familie weniger Zeit?
a) Mit dem Zug von Koblenz nach Rüdesheim um 9.10 Uhr oder mit dem um 9.29 Uhr?
b) Mit dem Zug von Rüdesheim nach Koblenz um 17.02 Uhr oder mit dem um 17.12 Uhr?

2 Die Familie fährt am Samstagmorgen um 9.10 Uhr von Koblenz los.
Die Eltern möchten abends um 20.30 Uhr wieder in Koblenz sein.
a) Mit welchem Zug müssen sie spätestens zurückfahren?
b) Wie viel Zeit können sie in Rüdesheim verbringen?
c) Wie viel Zeit haben sie in Rüdesheim, wenn sie bei der Hinfahrt einen Zug später fahren?

3 Familie Sommer aus Koblenz plant auch einen Ausflug nach Rüdesheim.
Auf der Hinfahrt sind sie mit dem Zug 1 h 24 min unterwegs.
Für die Rückfahrt brauchen sie 1 h 2 min.
a) Wann kommen sie morgens in Rüdesheim an?
b) Wann kommt der Zug abends in Koblenz an?
c) Wie viel Zeit können sie in Rüdesheim verbringen?

4 Erfinde selbst eine Rechengeschichte zu dem Fahrplan.
Dein Partner schreibt die Lösung auf.

5 Übertrage die Tabelle in dein Heft und fülle sie aus.

Abfahrt	7.45 Uhr		8.55 Uhr	9.10 Uhr	9.45 Uhr	
Fahrzeit	55 min	55 min		1 h 36 min		55 min
Ankunft		9.20 Uhr	10.45 Uhr		10.21 Uhr	11.47 Uhr

Zeit – Zeitleiste

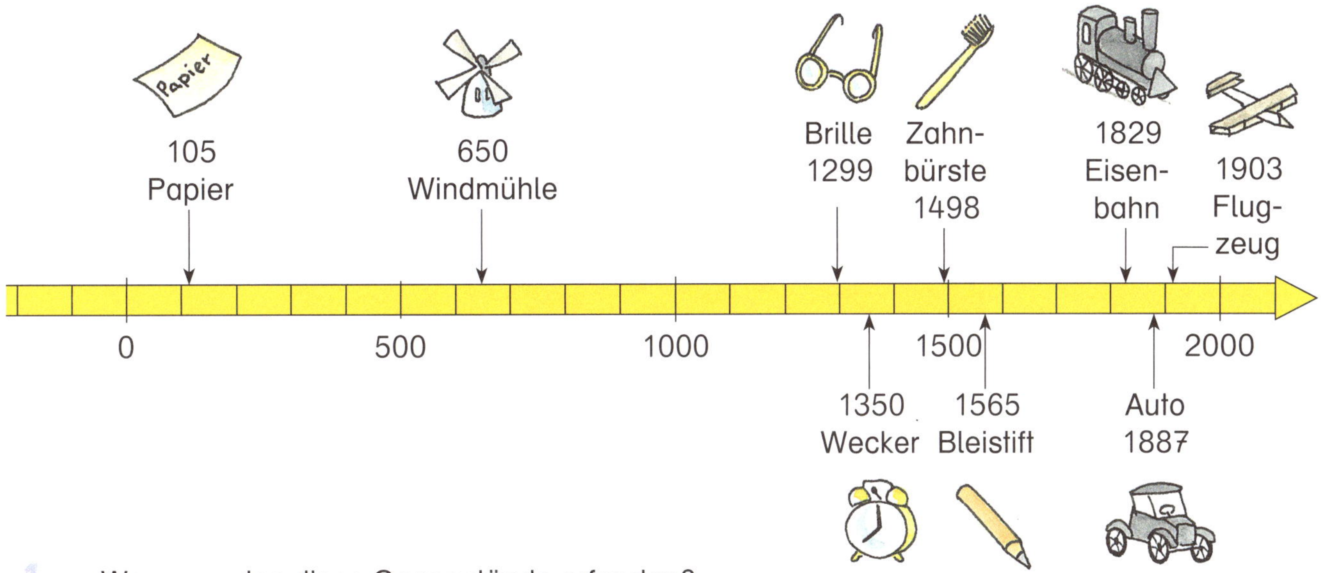

1 Wann wurden diese Gegenstände erfunden?
Wie viele Jahre sind seitdem vergangen?

a) der Wecker b) die Zahnbürste c) die Eisenbahn d) der Bleistift
e) die Brille f) das Auto g) das Flugzeug h) die Windmühle

2 Welches Jahr ist es?

a) 300 Jahre sind seit der Erfindung des Bleistifts vergangen.

b) 500 Jahre später wird der Wecker erfunden.

c) 150 Jahre später wird die Brille erfunden.

d) 100 Jahre früher wurde das Auto erfunden.

e) 180 Jahre sind seit der Erfindung der Eisenbahn vergangen.

3

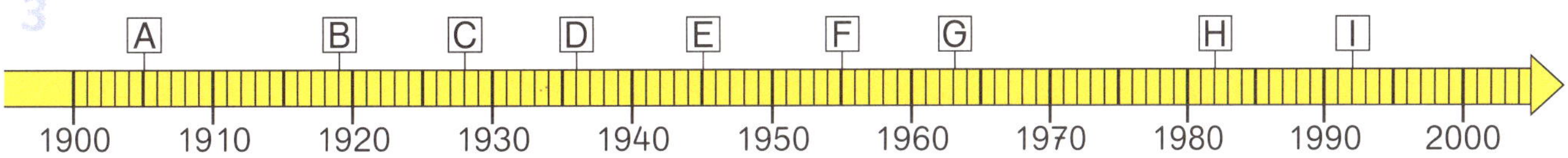

In welchem Jahr war es?

A Josef Schmidt erfindet das Spiel „Mensch ärgere dich nicht“.
B Die erste elektronische Verkehrsampel wird in den USA aufgestellt.
C Einem schottischen Erfinder glingt es, bunte Fernsehbilder zu übertragen.
D Der erste Hubschrauber fliegt in Deutschland.
E „Pippi Langstrumpf“ erscheint als Buch.
F Die Fischstäbchen werden von einer englischen Tiefkühlkost-Firma erfunden.
G In Japan werden die ersten Filzstifte hergestellt.
H Die erste CD (Compact Disc) wird hergestellt.
I In Deutschland wird zum ersten Mal mit einem Handy mobil telefoniert.

Zeit – Rechnen in Sachsituationen

1 a) An welchem Tag beginnt die Klassenfahrt? An welchem Tag endet sie?
b) Um wie viel Uhr fährt der Bus los? Um wie viel Uhr kommt er an?

2 Am dritten Tag der Klassenfahrt wird ein „Dauerlauf um den Waldsee" veranstaltet.
a) 27 Kinder sind am Start. Um 10.45 Uhr startet der erste Läufer, eine Minute später startet der zweite Läufer. Im Abstand von einer Minute starten nach und nach alle Kinder. Um wie viel Uhr startet der letzte Läufer?
b) Noahs Lauf hat 4 Minuten und 37 Sekunden gedauert, Lisas Zeit wurde mit 272 Sekunden angegeben. Wer war schneller?

3 Am fünften Tag ist eine Nachtwanderung zu einer Burgruine geplant.

a) Wie viel Zeit plant der Lehrer für den Weg zur Burgruine ein?
b) Um 2 Uhr sind alle wieder zurück. Wie lange hat die Nachtwanderung gedauert?
c) An wie vielen Abenden wird Theater gespielt?
d) Wie viele Jahre und Monate dauerten die Renovierungsarbeiten?

4 Am letzten Tag der Klassenfahrt hat Martin Geburtstag. Er wird zehn Jahre alt.
a) Wie alt ist Martins Lehrerin?
b) Wann hat Hannah Geburtstag?

In den Herbstferien fahren die Zwillinge Konstantin und Carolin mit ihren Eltern den Emsradweg von der Quelle der Ems in Hövelhof bis zur Mündung in Emden.
Der Emsradweg ist 380 km lang. Zehn Tage hat die Familie Zeit.

1 Wie viel Kilometer müssen sie am Tag ungefähr fahren, um in zehn Tagen von Hövelhof bis Emden zu kommen?

2 Wie viel Kilometer müssten sie am Tag ungefähr fahren, wenn sie Emden nach fünf Tagen erreichen wollen?

3 Auf der Karte sind die Orte eingezeichnet, in denen die Familie übernachtet.
a) Welchen Ort erreichen sie am Ende des vierten Tages?
b) Wie viel Kilometer sind sie bis dahin gefahren?

4 Carolin hat an ihrem Fahrrad einen Kilometerzähler.
a) Nach wie vielen Tagen zeigt er 260 km an?
b) In welchem Ort ist die Familie dann angekommen?

5 Martin, der ältere Bruder der Zwillinge, kann erst drei Tage später als seine Familie losfahren.
a) In welchem Ort ist seine Familie, wenn Martin in Hövelhof losfährt?
b) Martin fährt am Tag ungefähr doppelt so viele Kilometer wie seine Familie.
In welchem Ort wird er seine Eltern und Geschwister treffen?
c) Wie viel Kilometer fahren sie dann noch zu fünft weiter?

Längen – Kilometer und Meter

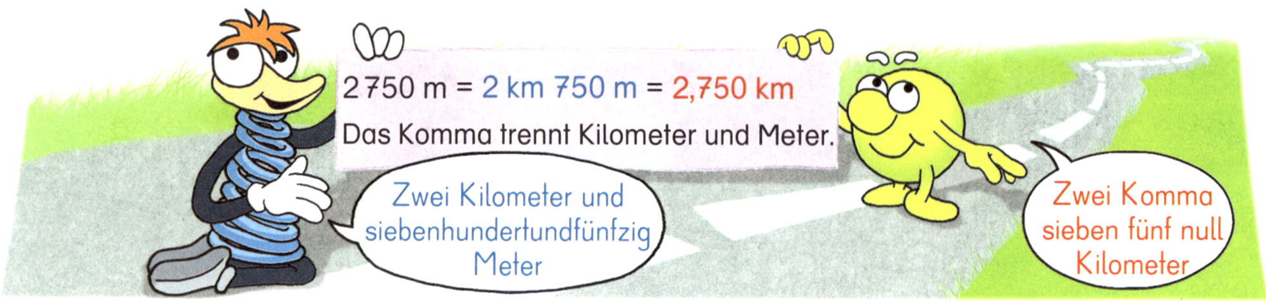

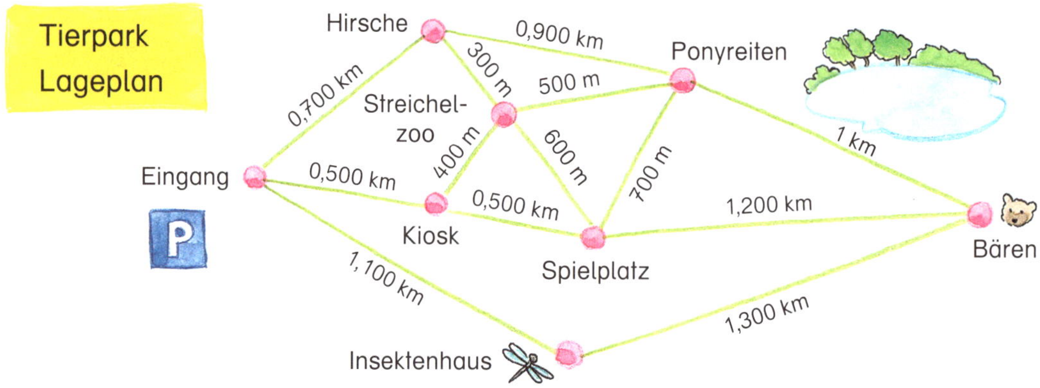

1 Wie viel Meter sind es vom Eingang

a) zu den Hirschen, b) zum Kiosk, c) zum Insektenhaus?

2 Schreibe mit Komma. Wie viel Kilometer sind es vom Streichelzoo

a) zum Kiosk, b) zum Ponyreiten, c) zum Spielplatz?

3 Wie groß ist die Entfernung? Wandle erst in Meter um und rechne dann. Gib das Ergebnis auch in Kilometer an. Manchmal gibt es verschiedene Wege.

a) Hirsche → Ponyreiten 0,900 km = 900 m
Ponyreiten → Spielplatz 700 m
900 + 700 m = ____ m
= ____ km

a) von den Hirschen zum Spielplatz
b) vom Eingang zu den Bären
c) vom Insektenhaus zum Ponyreiten
d) von den Hirschen zu den Bären

4 Wie würdet ihr durch den Tierpark gehen, wenn ihr alles sehen wollt? Überlegt zusammen, notiert euren Weg und berechnet die Länge eures Weges. Vergleicht mit anderen.

5 Übertrage die Tabelle in dein Heft und fülle sie aus.

2 134 m	4 365 m			250 m	
2 km 134 m		7 km 980 m			
2,134 km			3,150 km		6,600 km

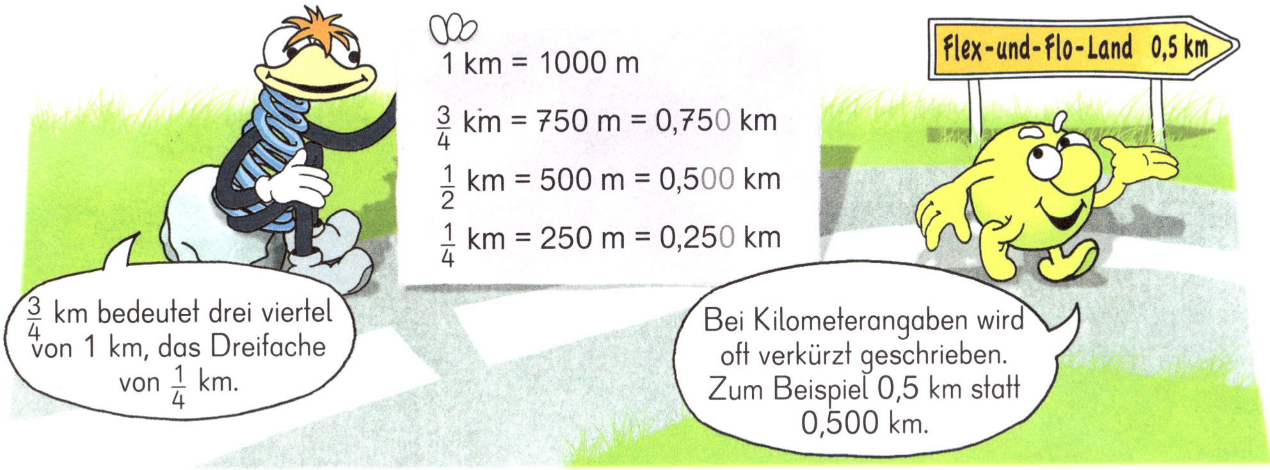

1 km = 1000 m
$\frac{3}{4}$ km = 750 m = 0,750 km
$\frac{1}{2}$ km = 500 m = 0,500 km
$\frac{1}{4}$ km = 250 m = 0,250 km

1 Wie viel Meter sind es?

a) 2 km = 2 0 0 0 m

a) 2 km b) 10 km c) 25 km d) 1,500 km e) 0,800 km f) 3,400 km

2 Wandle um. Schreibe als Kommazahl.

a)	b)	c)	d)
1546 m = __ km	7100 m = __ km	2060 m = __ km	5002 m = __ km
4863 m = __ km	5600 m = __ km	8015 m = __ km	2009 m = __ km

3
1,1 km = 1100 m
1,01 km = 1010 m
1,001 km = 1001 m

Wandle um. Schreibe in Meter.

a)	b)	c)
0,25 km = __ m	2,55 km = __ m	3,6 km = __ m
0,75 km = __ m	3,67 km = __ m	1,7 km = __ m
1,75 km = __ m	1,45 km = __ m	5,2 km = __ m

4 Schreibe als Kommazahl.

a)	b)	c)	d)
5 km 681 m	3 km 400 m	2 km 55 m	1 km 9 m
7 km 512 m	8 km 300 m	1 km 17 m	4 km 3 m

5 Ordne die Längen der Größe nach.
Beginne mit der größten Länge.

a) 800 km > 8 km >

a) 800 m,	0,80 m,	8 m,	800 km,	8 km,	0,08 km
b) $\frac{1}{2}$ km,	50 m,	500 km,	5 km,	5 m,	50000 m
c) 25 m,	25 km,	0,25 km,	$\frac{3}{4}$ km,	2500 m,	2,50 m

6 Welche größte und welche kleinste Länge kannst du aus den Karten legen?

a) | 2 | 7 | 3 | , | km |

b) | 1 | 6 | 4 | 5 | , | km |

1 

a) Wie kommt Mia auf 8 Kilometer?
Was hätte sie nach 3 Stunden Wandern wohl gesagt?

b) Wie viele Minuten plant Mia für einen Kilometer Wanderstrecke ein?

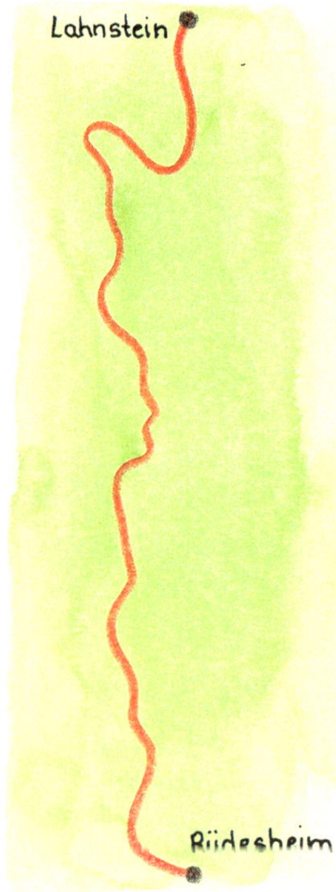

2 Am letzten Junisonntag sind im Mittelrheintal die Straßen auf beiden Seiten des Rheins für Autos gesperrt. Dann sind dort viele Radfahrer, Fußgänger und Inlineskater unterwegs.

a) Julika will die 60 km von Lahnstein nach Rüdesheim mit dem Fahrrad in 4 Stunden schaffen.
Wie viel Kilometer muss sie dann in einer Stunde zurücklegen?

b) Wie viele Minuten braucht Julika dann für einen Kilometer?

c) Arno meint, er brauche für diese Strecke nur 3 Stunden.
Wie viel Kilometer muss Arno in einer Stunde zurücklegen?

d) Wie viele Minuten braucht Arno dann für einen Kilometer?

3 Herr Funk erzählt, er sei die 60 km von Rüdesheim nach Lahnstein schon mal auf Inlineskatern in 5 Stunden gefahren.

a) Wie viel Kilometer hat er dabei in einer Stunde zurückgelegt?

b) Wie viele Minuten hat er für einen Kilometer gebraucht?

4 Wenn im Auto der Tachometer „60“ anzeigt, dann legt das Auto in einer Stunde 60 Kilometer zurück. Es fährt mit der *Geschwindigkeit* von 60 km pro Stunde.

a) Wie weit fährt das Auto bei dieser Geschwindigkeit in $2\frac{1}{2}$ Stunden?

b) Wie viele Minuten braucht es für einen Kilometer?

c) Wie weit fährt ein doppelt so schnelles Auto in $2\frac{1}{2}$ Stunden?
Wie viele Minuten braucht das Auto dann für einen Kilometer?

5 Wie viel Meter legt ein Auto in einer Sekunde zurück, wenn es mit einer Geschwindigkeit von 72 km pro Stunde fährt?

Längen – Meter, Zentimeter und Millimeter

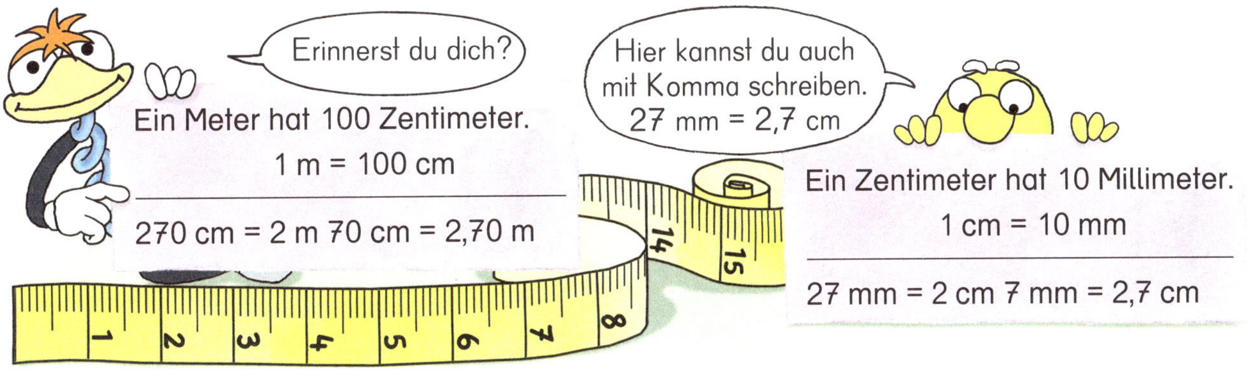

Ein Meter hat 100 Zentimeter.

1 m = 100 cm

270 cm = 2 m 70 cm = 2,70 m

Ein Zentimeter hat 10 Millimeter.

1 cm = 10 mm

27 mm = 2 cm 7 mm = 2,7 cm

1 Welche Einheit passt? Meter, Zentimeter oder Millimeter?

a) 40 ___ 

b) 4 ___ 

c) 4 ___ 

d) 4 ___ 

e) 4000 ___ 

2 Übertrage die Tabelle in dein Heft und fülle sie aus.

237 cm	565 cm				1270 cm		
2 m 37 cm		3 m 47 cm		1 m 5 cm			
2,37 m			4,78 m			10,09 m	

3 a) 2,54 m + 6,60 m
8,07 m + 9,08 m
4,45 m + 6,76 m

b) 5,68 m + 3,81 m
4,75 m + 7,68 m
0,85 m + 1,36 m

c) 9,25 m − 3,75 m
6,03 m − 4,28 m
11,13 m − 2,09 m

d) 7,48 m − 5,93 m
8,73 m − 6,84 m
4,81 m − 2,93 m

4 Wie viel Zentimeter sind es? Schreibe als Kommazahl.

a) 45 mm
27 mm

b) 83 mm
5 mm

c) 7 mm
19 mm

d) 116 mm
211 mm

a) 45 mm = 4,5 cm

5 Wie viel Millimeter sind es?

a) 2,8 cm
4,2 cm

b) 7,6 cm
3,9 cm

c) 0,4 cm
5,3 cm

d) 10,3 cm
0,2 cm

a) 2,8 cm = 28 mm

6 Welche Längen sind gleich?

550 mm | 0,55 m | 5,5 cm | $5\frac{1}{2}$ cm | 55 cm

5 m 50 cm | 550 cm | $5\frac{1}{2}$ m | 55 mm

Längen – Rechnen in Sachsituationen

1 Familie Nowak zieht in eine neue, größere Wohnung.

a) Mit dem Fahrrad ist der Weg zur neuen Wohnung 4,3 km lang.
Mit dem Auto fährt man 6,8 km.
Wie viel Kilometer ist die Autostrecke länger als die Fahrradstrecke?

b) Zerbrechliche Gegenstände wollen die Nowaks im Auto in die neue Wohnung bringen.
Sechs Fahrten hin und zurück sind notwendig.
Wie viel Kilometer sind das?

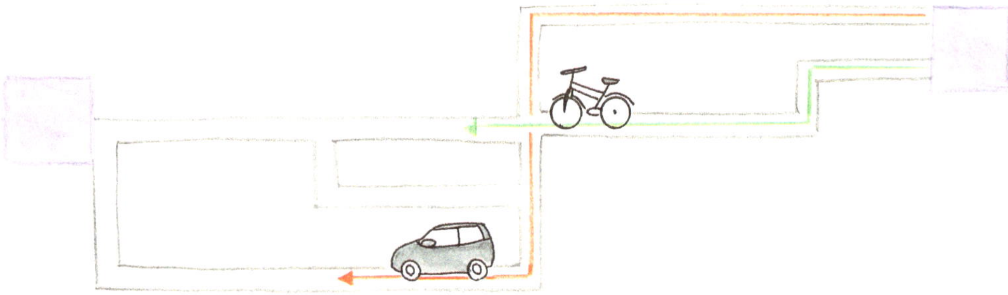

2 Bisher sind Hannah und Moritz von zu Hause bis zur Schule 3,4 km mit dem Fahrrad gefahren.
Der Weg von der neuen Wohnung zur Schule ist 800 m kürzer.

a) Wie lang ist der neue Schulweg?

b) Wie viel Kilometer sind es zwischen neuer Wohnung und Schule, hin und zurück, an fünf Schultagen in der Woche?

3 Frau Nowak fährt täglich zur Arbeit und wieder zurück.
Von der neuen Wohnung aus sind das an fünf Tagen insgesamt 170 km.

a) Wie viel Kilometer sind das täglich?

b) Wie viel Kilometer sind es zwischen Arbeitsstelle und Wohnung?

4 Der Kleiderschrank im Elternschlafzimmer ist 1,91 m hoch, das Zimmer ist 2,49 m hoch.
Wie viel Platz bleibt zwischen Schrank und Decke?

5 In der alten Wohnung war die Arbeitsplatte in der Küche 91,5 cm hoch.
Frau Nowak hätte die Arbeitsplatte lieber 25 mm niedriger.
Wie viel Zentimeter ist die neue Arbeitsplatte hoch?

Gewicht

Ein Kilogramm hat 1 000 Gramm.
1 kg = 1 000 g

5 000 kg
2 000 kg
500 kg
250 kg
25 kg
5 kg
1 kg
100 g
10 g

1 Ordnet jedem Tier die Karte mit dem richtigen Gewicht zu.
Notiert Namen und Gewichte in einer Liste.
Beginnt mit dem leichtesten Tier, dann ergeben die Buchstaben ein Lösungswort.

2 Vergleiche die Gewichte der Tiere und schreibe die Sätze vollständig in dein Heft.
a) Ein Maulwurf wiegt so viel wie … Spitzmäuse.
b) Eine Kuh wiegt so viel wie … Huskys oder so viel wie … Löwen.

3 Überlege dir eigene Vergleiche wie in Aufgabe 2 und schreibe sie in dein Heft.

4 Wie viel wiegt ein Eichhörnchen? Wie viel wiegt eine Katze? Wie viel wiegt ein Schwan?

Gewicht – Kilogramm und Gramm

1 Ordne jedem Kunden die richtigen Gewichtskarten zu.

a) Frau Müller: __ kg = __ g

a) Frau Müller b) Frau Link c) Herr Biber d) Frau Demmer

$\frac{1}{2}$ kg	$\frac{1}{4}$ kg
1 kg	$\frac{3}{4}$ kg
750 g	500 g
1000 g	250 g

1 kg = 1000 g

2 Wie viel Gramm sind es?

a) 3 kg b) 1 kg 250 g c) 2 kg 800 g d) 3 kg 585 g e) $1\frac{1}{4}$ kg

3 Wie viel Kilogramm und Gramm sind es?

a) 4268 g b) 1700 g c) 3055 g d) $2\frac{1}{2}$ kg
5850 g 6300 g 2008 g $5\frac{1}{4}$ kg

a) 4 2 6 8 g = 4 kg 2 6 8 g

2365 g = 2 kg 365 g = 2,365 kg
2700 g = 2 kg 700 g = 2,700 kg

4 Wandle um. Schreibe in Gramm.

a) 3,256 kg b) 5,985 kg c) 0,085 kg d) 0,005 kg e) 7,4 kg
4,867 kg 0,653 kg 10,5 kg 8,25 kg 1,02 kg

5 Wandle um. Schreibe als Kommazahl.

a) 4762 g b) 2067 g c) 68 g d) 420 g e) 10800 g
8455 g 948 g 6400 g 300 g 10 g

6 Wie viel wiegen die Einkäufe? Schreibe das Ergebnis in Kilogramm auf.

a)

b)

c)

Gewicht – Tonne und Kilogramm

Eine Tonne hat 1000 Kilogramm.
1 t = 1000 kg

1 a) Das Auto wiegt eine Tonne. Wie viele Kinder sind so schwer wie das Auto?
b) Wie viele Schulranzen sind so schwer wie das Auto?

2 a) Eine Kiste Wasser (12 Literflaschen) wiegt 15 kg.
Wie viele Kisten wiegen zusammen ungefähr eine Tonne?
b) Findet weitere Beispiele von Dingen, die zusammen ungefähr eine Tonne wiegen.

3 Wie viel Kilogramm sind es?
a) 4 t b) 1 t 460 kg c) 3 t 900 kg d) 2 t 386 kg e) $1\frac{1}{2}$ t

4 Wie viel Tonnen und Kilogramm sind es?
a) 2387 kg b) 3800 kg c) 3690 kg d) $2\frac{1}{2}$ t
1215 kg 5088 kg 5005 kg $1\frac{1}{4}$ t

a) 2387 kg = 2 t 387 kg

2365 kg = 2 t 365 kg = 2,365 t
2700 kg = 2 t 700 kg = 2,700 t

5 Übertrage die Tabelle in dein Heft und fülle sie aus.

8765 kg				3058 kg	
		20 t 800 kg			
	0,076 t		7,45 t		0,95 t

6 Wie viele Tonnen haben die LKWs geladen? Schreibe als Kommazahl.

a)
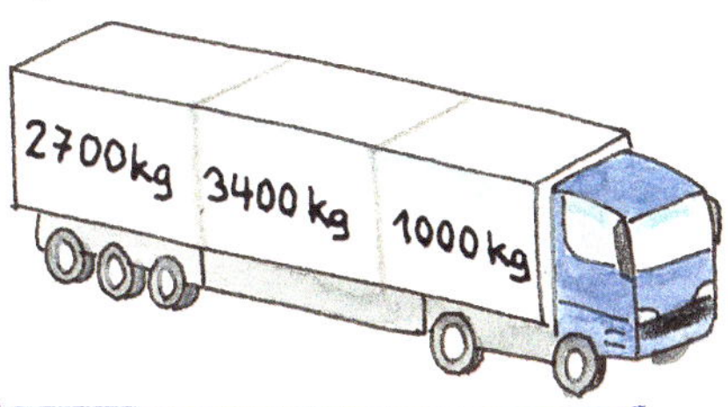

b)

c)

1350 | 2127 | 1950

Gewicht – Rechnen in Sachsituationen

1 Wie viel wiegen die Einkäufe? Schreibe das Ergebnis in Kilogramm auf.

a)

b)

c)

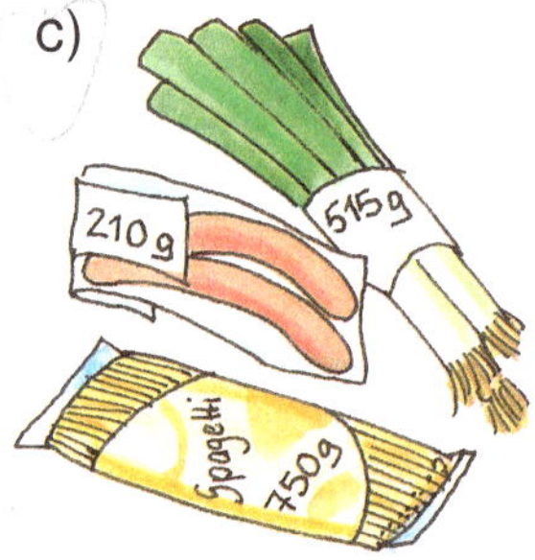

2 Jana isst jeden Morgen zum Frühstück einen Becher Jogurt.
Das sind 200 g Jogurt, der Becher selbst wiegt 10 g.
Wie viel Kilogramm müsste Jana tragen, wenn sie ihren Jogurt für einen Monat (30 Tage) auf einmal einkaufen würde?

3 Herr Bruch kauft im Getränkemarkt drei Kisten Mineralwasser.
Jede Kiste wiegt 14,8 kg.
Wie viel Kilogramm wiegen die drei Kisten zusammen?

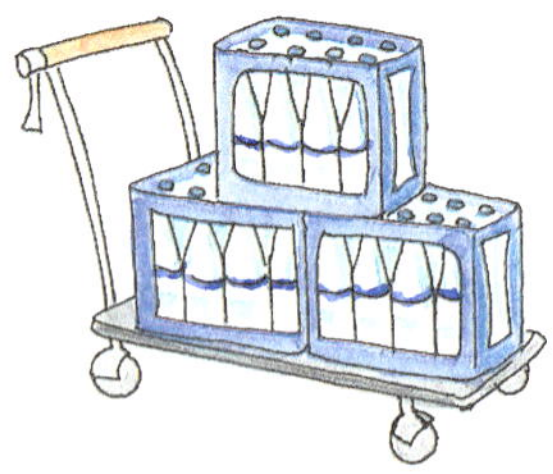

4 Eine Kiste mit sechs Literflaschen Orangensaft wiegt 10,250 kg, die leere Kiste 1,040 kg.
a) Wie viel Kilogramm wiegen nur die sechs Flaschen ohne die Kiste?
b) Wie schwer ist eine einzelne Flasche Saft?

5 a) Im Baumarkt kauft Herr Grün 12 Rasengittersteine.
Wie viel Kilogramm wiegen sie zusammen?
b) Zusätzlich kauft Herr Grün 15 Bodenplatten.
Wie viel Kilogramm wiegen diese zusammen?
c) Herr Grün darf in sein Auto höchstens 663 kg laden.
Herr Grün selbst wiegt 85 kg.
Darf er seinen Einkauf im Auto nach Hause fahren?

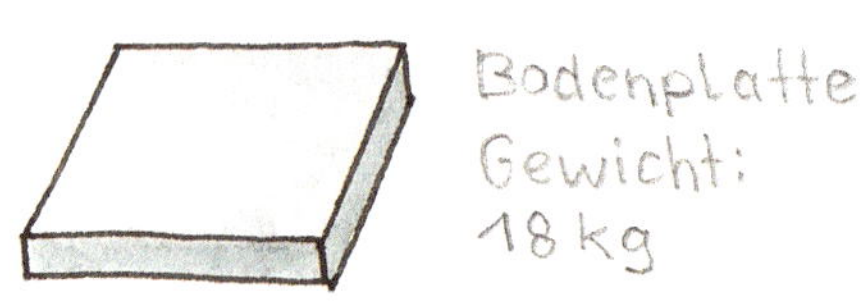

6 Bauer Spatz bringt einen Anhänger mit Zuckerrüben zur Zuckerfabrik.
Die Waage der Zuckerfabrik zeigt 21,825 t. Der leere Anhänger wiegt 6,045 t.
Wie viele Tonnen Rüben sind im Anhänger?

Rauminhalt – Liter und Milliliter

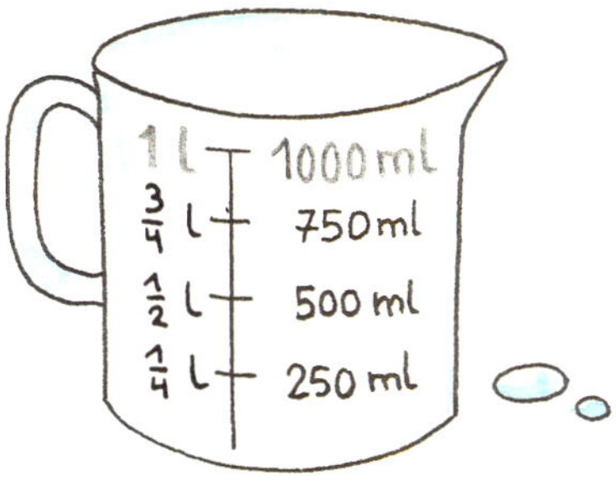

Ein Liter hat 1000 Milliliter.

1 l = 1000 ml

Ein dreiviertel Liter hat 750 Milliliter.

Ein halber Liter hat 500 Milliliter.

Ein viertel Liter hat 250 Milliliter.

1 Wie viel Liter oder Milliliter sind es? Ordne zu.

1l	10l	180 l	250ml	1ml

2 Wie oft muss Malik den Eimer in das Aquarium leeren, mit dem

a) 10l-Eimer, b) 5l-Eimer?

3 Tim hilft Malik, das Aquarium zu füllen.

Tim nimmt den 5-Liter-Eimer, Malik den 10-Liter-Eimer.

Wie oft müssen beide ihre Eimer in das Aquarium leeren?

4 a) Für eine Apfelsaftschorle mischt Julia $\frac{1}{2}$ l Wasser mit $\frac{1}{4}$ l Apfelsaft. Wie viele Gläser kann sie damit füllen, wenn in jedes genau $\frac{1}{4}$ l hineinpasst?

b) Wie viel Wasser und Saft braucht sie, wenn die Schorle für genau sechs solcher Gläser reichen soll?

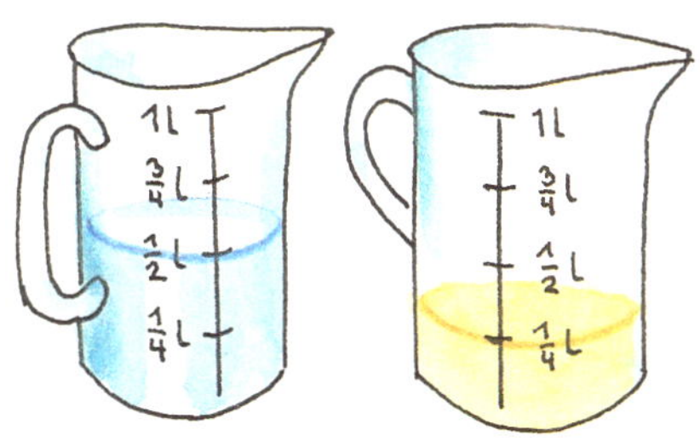

5 Schätze erst und überprüfe dann mit einem Messbecher:

Wie viel Liter oder Milliliter passen in eure Teekanne, dein Trinkglas, deinen Becher, eure Gießkanne, … ?

Rauminhalt – Liter und Milliliter

1 Wie viel Milliliter sind es?

a) 2 l b) 1 l 150 ml c) 3 l 400 ml d) 1 l 655 ml e) $1\frac{1}{4}$ l

2 Wie viel Liter und Milliliter sind es?

a) 2325 ml b) 1500 ml c) 2005 ml d) $1\frac{1}{2}$ l
1750 ml 3250 ml 4075 ml $2\frac{1}{2}$ l

a) 2325 ml = 2 l 325 ml

2365 ml = 2 l 365 ml = 2,365 l
2700 ml = 2 l 700 ml = 2,700 l

3 Wandle um. Schreibe in Milliliter.

a) 2,475 l b) 2,125 l c) 2,25 l d) 2,5 l e) 0,3 l
1,485 l 3,745 l 7,75 l 3,3 l 0,7 l

4 Wie viel Liter sind es? Schreibe als Kommazahl.

a) 1465 ml b) 1750 ml c) 1500 ml d) 500 ml e) 50 ml
3535 ml 1250 ml 1300 ml 300 ml 10 ml

5 Übertrage die Tabelle in dein Heft und fülle sie aus.

2358 ml	1643 ml			2058 ml		
2 l 358 ml			11 l 400 ml			
2,358 l		0,780 l			10,4 l	4,005 l

6 Wie viel Milliliter fehlen zum nächsten vollen Liter?

a) 2,455 l b) 0,650 l c) 3,8 l d) 5,35 l e) $2\frac{1}{2}$ l

7 Bengt trinkt an jedem Morgen in der Schule 250 ml Kakao.
a) Wie viel Liter sind das in einer Woche mit fünf Schultagen?
b) Wie viel Liter trinkt Bengt in einem Jahr mit 200 Schultagen?

8 In der Klasse 4b haben 15 Kinder Kakao bestellt. In einer Flasche Kakao sind 250 ml.

a) Wie viel Liter sind das in einer Woche mit fünf Schultagen?
b) Wie viel Liter sind das in einem Monat (20 Schultage)?
c) Wie viel Liter sind das in einem Jahr mit 200 Schultagen?

Rauminhalt – Rechnen in Sachsituationen

1 Hannah und Moritz mixen Getränke.

a) Ist ein 0,2 l-Becher groß genug für einen „Sommerkirsch“?

b) Wie viel Liter benötigt man von den einzelnen Säften für 20 Gläser? Rechne in Milliliter und gib das Ergebnis in Liter an.

c) Kirschsaft und Orangensaft gibt es in Literflaschen, Himbeersirup in Flaschen mit 250 ml. Wie viele Flaschen von jedem Saft muss man für 20 Gläser „Sommerkirsch“ kaufen?

d) Für wie viele Gläser würden die gekauften Flaschen reichen?

Rezept: Sommerkirsch
für 1 Glas:
80 ml Kirschsaft
40 ml Orangensaft
20 ml Himbeersirup
Alle Zutaten im Shaker schütteln und in ein Glas geben

2 Moritz plant den Verkauf von 30 Gläsern „Karibikzauber“.

a) Orangen- und Ananassaft gibt es in Literflaschen, Zitronensaft in Flaschen mit 0,2 l. Wie viele Flaschen braucht Moritz von jedem Saft?

b) Wie viel Liter müssten in den Krug hineinpassen, wenn man alle 30 Gläser auf einmal zubereiten will?

c) Wie viel Milliliter ist ein Glas „Karibikzauber“?

Rezept: Karibikzauber
für 6 Gläser:
0,4 l Ananassaft
0,4 l Orangensaft
0,1 l Zitronensaft
In einem Krug mischen

3 Hannah plant den Verkauf von neun Litern Kinderpunsch. Den Früchtetee kocht sie selbst. Die Säfte kauft sie literweise.

a) Wie viel Liter Früchtetee muss sie kochen, und wie viel Liter Apfelsaft und Traubensaft kaufen?

b) Ein Glas soll ein viertel Liter sein. Für wie viele Gläser reichen die neun Liter Kinderpunsch?

c) Hannah bekommt nur 0,2 l-Becher. Für wie viele dieser Becher reicht der Punsch?

Rezept: Kinderpunsch
zu gleichen Teilen:
Früchtetee
Apfelsaft
roter Traubensaft
sowie Zimt und Nelken
heiß oder kalt servieren

4 In einen Becher passt $\frac{1}{4}$ l. Wie viele Becher können die Kinder mit den Säften füllen?

a) 

b) 

c) 

d) 

Sachrechnen mit Größen – Große Zahlen

1 An dem Zahlenstrahl beträgt der Abstand zwischen zwei Zahlen 1 mm.

a) Wie lang wird die Zeichnung bis zum Punkt für 100 000? Gib das Ergebnis in Meter an.

b) Wie lang würde die Zeichnung werden, wenn auch der Punkt für 1 000 000 markiert werden soll?

2 Kann das stimmen, was die Kinder sagen, oder flunkern einige? Begründe deine Meinung.

3 Frau Rose hat 100 000 € im Lotto gewonnen.

a) Sie möchte einmal sehen, wie viel Geld das ist und lässt es sich in 500-€-Scheinen ausbezahlen.
Wie viele Scheine sind es?

b) Stell dir vor, Frau Rose hätte ihren Gewinn in 1-€-Münzen bekommen.
Zehn Münzen wiegen zusammen 75 g.
Wie viel Kilogramm würde der gesamte Gewinn wiegen?

4 Ein Schuljahr hat etwa 200 Schultage.
Die Kinder haben bald vier Jahre Grundschule hinter sich.

a) Hat Simon recht, oder übertreibt er?

b) Kann das stimmen, was Katja behauptet?

5 Ein Bademeister erklärt: „In unser Nichtschwimmerbecken passt der Inhalt von 5000 Badewannen. In eine Badewanne passt der Inhalt von 40 5-Liter-Eimern.
Wie viel Liter passen in das Nichtschwimmerbecken?

Landeshauptstadt	Einwohner
Berlin	3 416 255
Bremen	547 769
Dresden	507 513
Düsseldorf	581 122
Erfurt	202 929
Hamburg	1 770 629
Hannover	518 069
Kiel	236 902
Magdeburg	230 140
Mainz	198 118
München	1 311 573
Potsdam	150 833
Saarbrücken	176 452
Schwerin	95 855
Stuttgart	597 176
Wiesbaden	275 849
	Stand: 2007

Bei 0, 1, 2, 3, 4 wird abgerundet.
Bei 5, 6, 7, 8, 9 wird aufgerundet.
≈ bedeutet „ist ungefähr“.

1 Lege eine Tabelle in deinem Heft an.

Stadt	Einwohner	gerundet
Berlin	3 4 1 6 2 5 5	≈ 3 4 2 0 0 0 0

a) Ordne die Städte nach der Einwohnerzahl und trage sie in die Tabelle ein. Beginne mit der größten Stadt.

b) Runde die Einwohnerzahlen auf Zehntausender und trage die gerundeten Zahlen in die Tabelle ein.

2 Stimmt es oder stimmt es nicht?

a) In Kiel und Magdeburg leben ungefähr gleich viele Menschen.

b) In Berlin leben mehr Menschen als in Hamburg, München und Hannover zusammen.

c) Düsseldorf hat ungefähr 3-mal so viele Einwohner wie Mainz.

3 Stelle die Einwohnerzahlen dieser Städte in einem Säulendiagramm dar: Dresden, Schwerin, Mainz, Wiesbaden, Düsseldorf, München. Runde die Einwohnerzahlen auf Hunderttausender.

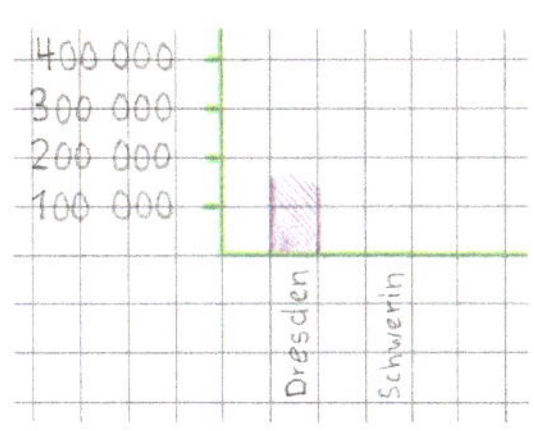

1

Filmtitel	Besucherzahlen
Unbekanntes Sibirien	540 230
Bis in alle Ewigkeit	1 000 560
Florida	990 120
Wunder	610 370
Lustige Väter	750 780
Sandy – geliebtes Fohlen	582 490
Der geheimnisvolle Schlüssel	822 640
Alle deine Brüder	635 510
Die Reise des Herrn Fox	861 850
Zeig mir dein Herz	773 900

Kim schaut sich im Internet die Kino-Hitliste an.
Es sind für alle Filme die monatlichen Besucherzahlen für ganz Deutschland aufgeführt.

a) Welcher Film hatte die meisten Besucherzahlen?
Welcher Film hatte die wenigsten Besucherzahlen?

b) Runde die Besucherzahlen auf Zehntausender und zeichne ein Säulendiagramm.

2 Die Tabelle und das Säulendiagramm zeigen, wie viele Kinder und wie viele Erwachsene die Filme jeweils gesehen haben.

	Kinder	Erwachsene
Florida	640 360	349 760
Unbekanntes Sibirien	41 510	498 720
Der geheimnisvolle Schlüssel	270 360	552 280
Lustige Väter	380 400	370 380

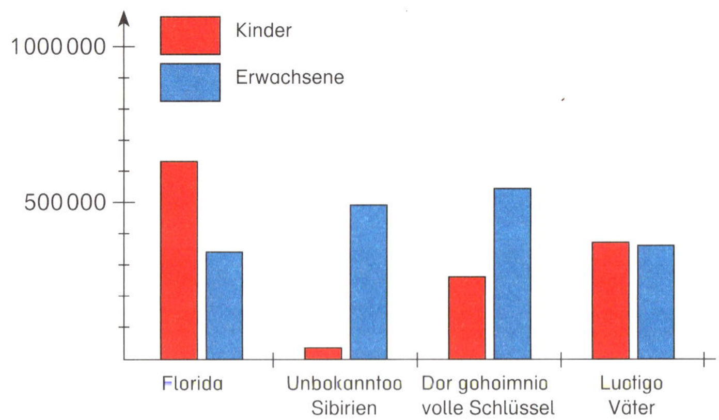

a) Richtig oder falsch?

A Den Film „Unbekanntes Sibirien" haben ungefähr doppelt so viele Kinder wie Erwachsene gesehen.

B „Lustige Väter" ist ein Familienfilm. Es wurden ungefähr gleich viele Kinokarten für Kinder und Erwachsene verkauft.

C Den Film „Florida" haben mehr Erwachsene gesehen als den Film „Lustige Väter".

D Den Film „Der geheimnisvolle Schlüssel" haben 53 560 Erwachsene mehr gesehen als den Film „Unbekanntes Sibirien".

E In „Florida" waren 390 600 Kinder mehr als Erwachsene.

F Insgesamt waren 1 089 630 Kinder im Kino.

b) Finde eigene Fragen zu der Tabelle und dem Diagramm.
Dein Partner schreibt die Lösung auf.

1 Die Sonnenfeld-Gundschule hat Bundesjugendspiele veranstaltet.
Alle Kinder erhielten je nach Punktzahl eine Ehren-, Sieger- oder Teilnehmerurkunde.

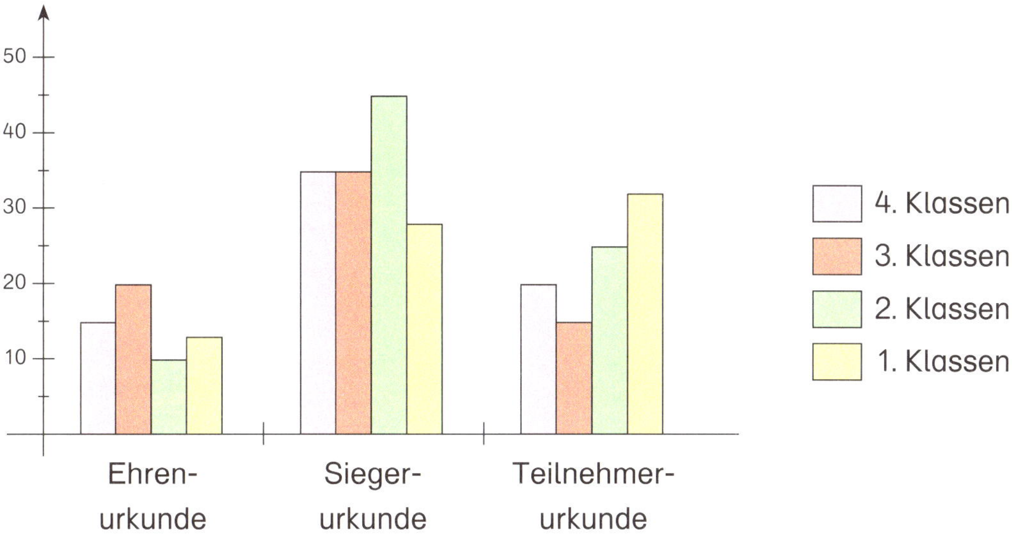

a) In welcher Klassenstufe gab es mehr Teilnehmer- als Siegerurkunden?
b) In welcher Klassenstufe gab es mehr Ehren- als Teilnehmerurkunden?
c) Welche Urkunde wurde am seltensten verliehen?
d) Welche Urkunde wurde am häufigsten verliehen?

2 Nach den Bundesjugendspielen wurden alle Kinder gefragt, was ihnen am besten gefallen hat. Jedes Kind musste sich für eine Sportaktion entscheiden.
Hier siehst du das Ergebnis der Umfrage.
Es ist in einem Kreisdiagramm dargestellt.

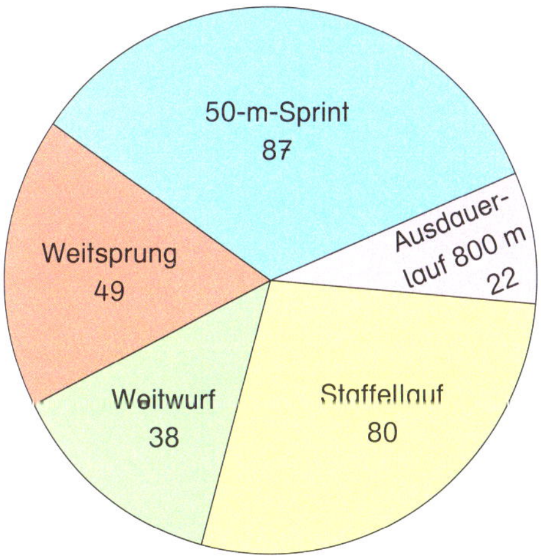

a) Wie viele Kinder wurden befragt?
b) Welche Sportaktion war bei den Bundesjugendspielen am beliebtesten?
c) Welche Sportaktion war am wenigsten beliebt?
d) Übertrage das Ergebnis in eine Tabelle und zeichne auch ein Säulendiagramm dazu.
Welche Darstellung findest du am übersichtlichsten?
Die Tabelle, das Säulendiagramm oder das Kreisdiagramm? Begründe.

1 Tim möchte sich zum Karneval als Clown verkleiden.
Er hat für sein Kostüm diese Kleidungsstücke zur Auswahl:

Um zu sehen, wie viele Möglichkeiten es gibt, sich damit zu verkleiden, hat Tim ein Baumdiagramm gezeichnet.

a) Seine Mutter gibt ihm zusätzlich ein grün-weiß gestreiftes Hemd.
Wie viele Möglichkeiten der Kostümierung hat Tim jetzt?
Zeichne ein passendes Baumdiagramm.

b) In einer Kiste entdeckt Tim noch zwei Hüte, einen schwarzen und einen braunen.
Wie viele Möglichkeiten hat er jetzt? Ergänze dein Baumdiagramm.

2 Lea möchte sich auch als Clown verkleiden.

a) Sie hat drei Hüte zur Auswahl.

Sie hat außerdem zwei Clownsnasen, eine rote und eine blaue.

Wie viele Möglichkeiten hat Lea, sich zu verkleiden? Zeichne ein Baumdiagramm.

b) Lea hat noch drei Fliegen entdeckt.
Wie viele Möglichkeiten hat Lea jetzt?
Ergänze dein Baumdiagramm.

3 a) Stimmt die Werbung? Gibt es wirklich über 20 verschiedene Möglichkeiten?

b) Wie viele verschiedene Menüs wären es, wenn zusätzlich noch Kuchen und rote Grütze als Nachspeise angeboten würden?

Über 20 verschiedene Menüs
(Vorspeise, Hauptgericht, Nachspeise)

Vorspeise:	Hauptgericht:	Nachspeise:
Suppe	*Fleisch*	*Eis*
Salat	*Fisch*	*Pudding*
	Nudeln	*Quarkspeise*
		Obstsalat

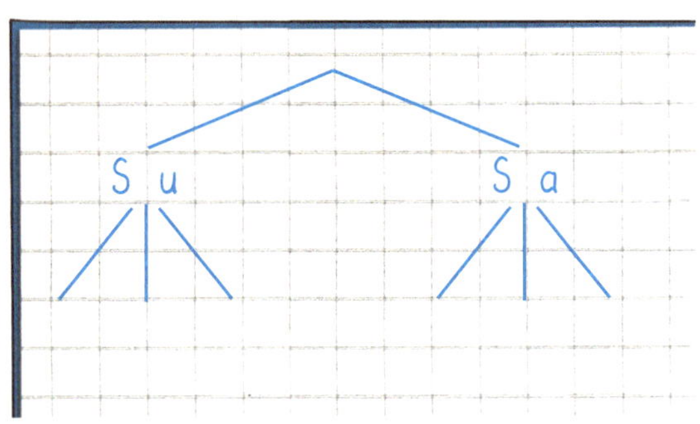

1 Rote Lose sind Gewinnlose. Du darfst mit geschlossenen Augen ein Los ziehen.

a) Bei welchem Korb ist die Wahrscheinlichkeit größer, ein rotes Los zu ziehen?

A  B 

b) Überprüft eure Meinung.
Bastelt dazu Lose aus farbigem Papier.
Zieht aus jedem Korb 10-mal mit geschlossenen Augen und notiert, wie oft ihr ein rotes Gewinnlos gezogen habt.

2 An einer Losbude auf der Kirmes stehen drei Eimer mit Losen zur Auswahl.

a) Bei welchem Eimer hast du die größte Gewinnchance?

A 

B 

C 

b) Am Ende des Tages sind noch elf Lose übrig, davon sind fünf Gewinne und sechs Nieten.
Lukas zieht sieben Lose. Sina zieht vier Lose.
Beide behaupten: „Ich habe ganz sicher etwas gewonnen!"
Was sagst du dazu? Begründe deine Meinung.

3 Bei einer Tombola sind noch acht Lose übrig.
Es gibt noch vier Nieten, einen Hauptgewinn und drei Kleingewinne.
Paul kauft ein Los. Ergänze die Aussage so, dass sie stimmt.

Die Wahrscheinlichkeit, dass Paul ein Gewinnlos gezogen hat, ist …

A … höher als …   B … geringer als …   C … genauso hoch wie …

… die Wahrscheinlichkeit, eine Niete gezogen zu haben.

4 

Pia nimmt mit geschlossenen Augen Murmeln aus dem Glas.
Ergänze die Aussagen so, dass sie stimmen.
Setze dazu diese Wörter ein: sicher, möglich oder unmöglich.

a) Pia nimmt vier Murmeln aus dem Glas.

A Es ist ________, dass alle Murmeln die gleiche Farbe haben.

B Es ist ________, dass die Murmeln verschiedene Farben haben.

b) Pia nimmt fünf Murmeln aus dem Glas.

A Es ist ________, dass alle Murmeln die gleiche Farbe haben.

B Es ist ________, dass die Murmeln verschiedene Farben haben.

Das kann ich jetzt

1 Mona erzählt von ihrer Geburtstagsfeier.
Suche im Text die Angaben, die du brauchst, und beantworte die Fragen.

a) Wie lange waren sie im Schwimmbad?
b) Wann schließt das Schwimmbad?
c) Wie viel Euro hat der Eintritt für alle gekostet?

Zu meiner Geburtstagsfeier habe ich fünf Mädchen und zwei Jungen eingeladen. Zusammen mit meiner Mutter, meinem Opa und meinem kleinen Bruder sind wir in ein Erlebnis-Schwimmbad gefahren.
Das Bad öffnet um 8.00 Uhr.
Wir sind um 14.30 Uhr angekommen und bis 18.45 Uhr dort geblieben.
Eine Dreiviertelstunde später schließt das Bad.
Der Eintritt kostet für Kinder 5,20 €,
Erwachsene zahlen 2,40 € mehr.

2 Entlang einer Straße sollen Bäume gepflanzt werden.
Auf beiden Seiten der Straße soll im Abstand von 150 m ein Baum stehen.
Die Straße ist 600 m lang.
Wie viele Bäume werden benötigt? Löse mit einer Skizze.

3 Rechne schriftlich.

a) 2,37 € + 11,85 €	b) 5,63 € + 48,29 €	c) 27,03 € − 4,89 €	d) 41,33 € − 18,97 €
16,75 € + 8,79 €	38,17 € + 96,99 €	58,19 € − 5,56 €	35,90 € − 13,11 €
12,37 € + 8,75 €	27,85 € + 34,67 €	93,81 € − 7,94 €	42,11 € − 15,53 €

4

Multipliziere schriftlich.

a) Frau Bauer kauft sechs Riesenbrezeln.
b) Herr Frank kauft drei belegte Brötchen.
c) Familie Weiß kauft neun Stück Erdbeerkuchen.
d) Familie Schuster kauft fünf Stück Schokotorte.

5 Multipliziere schriftlich.

a) 13,81 € · 5	b) 10,62 € · 8	c) 123,45 € · 3	d) 0,75 € · 13	e) 54,11 € · 12
27,36 € · 7	15,90 € · 9	143,85 € · 4	0,81 € · 27	12,85 € · 18
63,45 € · 4	14,87 € · 5	186,89 € · 5	0,38 € · 36	78,49 € · 15

Das kann ich jetzt

1 Mia geht mit drei Freundinnen ins Museum.
Sie kaufen eine Gruppenkarte für 5,40 € und teilen sich die Kosten.
Wie viel Euro sind das für jede?

2 Dividiere schriftlich.

a) 4,69 € : 7	b) 83,28 € : 6	c) 258,37 € : 7	d) 178,83 € : 9	e) 198,42 € : 6
2,56 € : 8	67,28 € : 8	143,46 € : 3	326,04 € : 4	509,68 € : 8

3 Wie spät ist es in einer Dreiviertelstunde?
a) 14.31 Uhr b) 18.27 Uhr c) 8.09 Uhr d) 15.54 Uhr e) 16.24 Uhr

4 Wandle um in Minuten.
a) 2 h b) 5 h c) 7 h d) $4\frac{1}{2}$ h e) $6\frac{1}{2}$ h f) $2\frac{1}{4}$ h

5 Wandle um in Sekunden.
a) 4 min b) 10 min c) $3\frac{1}{2}$ min d) 5 min 12 s e) 6 min 3 s

6 Welche Zeitspannen sind gleich?

4 min $2\frac{3}{4}$ h 1 Tag 165 min 240 s 4 h 24 h 240 min

7 Übertrage die Tabelle in dein Heft und fülle sie aus.

Abfahrt	10.51 Uhr	12.31 Uhr		15.16 Uhr	17.23 Uhr
Fahrzeit	24 min		43 min	55 min	
Ankunft		13.16 Uhr	14.38 Uhr		18.02 Uhr

8 Wandle um in Meter.
a) 3 km b) 34 km c) 1,2 km d) 0,5 km e) 7,6 km

9 Schreibe als Kommazahl.
a) 3 km 211 m b) 7 km 815 m c) 3 km 54 m d) 4 km 5 m

10 Tina ist mit dem Fahrrad in zwei Stunden 30 km gefahren.
a) Wie viel Kilometer hat Tina in einer Stunde zurückgelegt?
b) Wie viele Minuten hat sie für einen Kilometer gebraucht?

11 Wie viel Zentimeter sind es? Schreibe als Kommazahl.
a) 35 mm b) 67 mm c) 83 mm d) 110 mm e) 215 mm

12 Welche Längen sind gleich?

3 cm 3000 m 300 cm 30 m 30 mm 3 km 3 m 3000 cm

Das kann ich jetzt

1 Wandle um in Gramm.

a) 5,368 kg b) 1,402 kg c) 2,019 kg d) 6,54 kg e) 8,5 kg

2 Wandle um in Kilogramm. Schreibe als Kommazahl.

a) 3 500 g b) 4 190 g c) 2 001 g d) 843 g e) 69 g

3 Wandle um in Kilogramm.

a) 7,986 t b) 3,517 t c) 2,604 t d) 5,3 t e) 8,04 t

4 Wandle um in Tonnen. Schreibe als Kommazahl.

a) 6088 kg b) 9381 kg c) 7204 kg d) 536 kg e) 41 kg

5 Wie viel Milliliter sind es?

a) 1 l b) $\frac{1}{2}$ l c) 5 l d) 2 l 500 ml e) 3 l 750 ml

6 Wie viel Liter sind es? Schreibe als Kommazahl.

a) 1250 ml b) 1700 ml c) 1370 ml d) 800 ml e) 40 ml

7 Stelle die Höhe dieser Berge in einem Säulendiagramm dar.
Runde die Zahlen dazu sinnvoll.

Zugspitze	Watzmann	Feldberg	Fichtelberg	Brocken
2962 m	2713 m	1493 m	1215 m	1142 m

8 Das Fahrrad „Cross-Hopper" wird in vier verschiedenen Größen, in zwei Farben und mit zwei verschiedenen Gangschaltungen angeboten. Wie viele Fahrräder muss ein Händler vorrätig haben, wenn er alle Möglichkeiten im Lager haben will?

9 Drei verschiedene Eimer mit Losen. Bei welchem Eimer hast du die größte Gewinnchance?

A

B

C